やまと花つづり　根津多喜子写真集	根津多喜子	1,200円
蓮華四季物語　井上信行写真集	井上信行	1,800円
八ヶ岳高原の花　春・夏・秋　日弁貞夫写真集	日弁貞夫	各1,400円
六甲高山植物園	写真・倉下生代／解説・久山敦	1,200円
花はす公園	写真・落井一枝／解説・金子明雄	1,200円
花の文化園	写真・倉下生代／解説・竹田義	1,200円
大阪城の梅花　登野城弘写真集	解説・鈴木登	1,500円
大阪城の花暦　登野城弘写真集	登野城弘	1,500円
花のほほえみ	写真・倉下生代／解説・久山敦	1,200円
スイレンと熱帯の花	写真・倉下生代／解説・久山敦	1,200円
野菜の花	写真・山田静夫／解説・河合貴雄	1,500円
やまと花萬葉	文・片岡寧豊／写真・中村明巳	1,800円
草木スケッチ帳　Ⅰ・Ⅱ・Ⅲ・Ⅳ	柿原申人	各2,000円

（表示価格は税抜き）

TOHO SHUPPAN

後記 Afterword

　南国生まれ・育ちの私には亜熱帯・温帯性の花々が心に残っている花である。後年、北海道や東北・信州等の寒冷地や高山の花々に接する機会があり花に対するイメージが少しずつ変化していった。
　それまでは高山に咲く花々は私にとっては文字どおり"高嶺の花"であった。手の届かない夢や憧れであった。いつしか伊吹山を知り、通うようになり"高嶺の花"が私の花になるのであった。夢が叶い、憧れが映るようになった。たくさん たくさん の きれいな きれいな 小さな 小さな花々が広い広いお花畑として映っていた。ありがとう、伊吹さん！

あらた ひでひろ

Profile

あらた ひでひろ

- 1946年　鹿児島県生まれ。
- 1976年　独学後、写真家宣言。
- 1978年　ARA写真事務所開設。
- 写真誌　カメラ毎日「熊野路紀行」「無常」「棲地帯」を発表
  - 写真時代「フォトエッセイ」シリーズ
  - 日本フォトコンテスト「大和讃歌Ⅰ・Ⅱ」「京桜」
- 写真展　「大和浪漫」富士フォトサロン大阪・松平文華館
  - 「大和讃歌」ミノルタフォトスペース大阪
  - 「大和讃歌Ⅱ」ミノルタフォトスペース東京・大阪・名古屋・福岡・広島・仙台
  - 「西国無常」富士フォトギャラリー大阪
- 写真集　『大和浪漫』東方出版、『大和讃歌』光村推古書院
  - 『西国無常』東方出版、『美山茅葺きの里』東方出版
- 現住所　〒579-8012 東大阪市上石切町2-1426-16 朝日プラザA-411
  - 電話＆ファックス 0729-87-7463

村瀬 忠義 むらせただよし

- 1934年　滋賀県長浜市生まれ。
- 1957年　滋賀県立高等学校へ生物科教諭として勤務。
- ～95年　教職の傍ら滋賀県内、特に伊吹山の植物研究に励む。
- 1973年　「伊吹山を守る会」発足。以後顧問として伊吹山学術調査やお花畑保全事業などの指導をする。また、滋賀県・文化庁・環境庁（現環境省）などの各種植物調査を担当する。
- 1996年　滋賀県立琵琶湖博物館に資料科嘱託職員として勤務する。
- 学会所属　日本植物分類学会会員、植物地理・分類学会会員
  - 日本生態学会元会員等。
- 著　作　『伊吹山ミニ事典』、『伊吹山の生物相とその保全』
  - 『伊吹鉱山植生復元の10年』、『伊吹の花・物語』
  - 『伊吹山のお花畑保全事業のあゆみ』

花の絵本 Vol.12　**伊吹山のお花畑**　Field of Mt. Ibuki Flowers
Photo by Arata Hidehiro　Explanation by Murase Tadayoshi

2007年 7月19日　初版第1刷発行

著　者	あらたひでひろ
解　説	村瀬忠義
発行者	今東成人
発行所	東方出版(株)
	〒543-0052 大阪市天王寺区大道1-8-15
	電話 06-6779-9571　ファックス 06-6779-9573
デザイン	井原秀樹（大倉靖博デザイン室）
印刷・製本	泰和印刷(株)

©2007 Hidehiro Arata　　Printed in Japan
ISBN978-4-86249-073-5　C0045
乱丁・落丁本はお取り換えします。

解説 *Explanation*

　滋賀県最高峰の伊吹山（標高1,377.4m）は、日本のほぼ中央に位置し、寒冷期に北方系の植物が南下してきたり、日本海に近い関係から日本海側に分布の本拠をもつ植物も存在する。また地層は古生代二畳紀の石灰岩層から出来ていることや冬季寒冷な日本海気候の影響を受けることから伊吹山の固有種（特産種）が生まれた。
　伊吹山頂一帯は国指定天然記念物、名称「伊吹山頂草原植物群落」の山地草原、美しい『お花畑』になっており、昔から草本植物の宝庫として世に知られ、多くの学者や採薬師により調査がなされ、植物研究史上の貴重な山である。

伊吹山の植物分布の特色

　滋賀県内では伊吹山は特に植物の宝庫で、県全域に産するシダ植物以上の高等植物が約2,300種余りある内、伊吹山は約1,300種類を有している。

■山頂付近には、高山または亜高山性植物と通称される植物のイブキトラノオ、メタカラコウ、マルバダケブキ、ニッコウキスゲ、サンカヨウ、キオン、コキンバイ、ノビネチドリなどがある他、北方からの分布の西南限種となっている種にグンナイフウロ、ハクサンフウロ、エゾフウロ、イブキフウロ、キンバイソウ、イワシモツケ、ヒメイズイ、イブキソモソモなどがある。

■日本海要素の植物が多い。これは日本海側斜面に発生、または分布の本拠をもつ多雪地帯の植物で、オオヨモギ、スミレサイシン、ザゼンソウ、ハクサンカメバヒキオコシ、ミヤマイラクサ、エゾユズリハ、ハイイヌガヤ、タムシバなどがあげられる。

■伊吹山は形成年代が古いため、固有種（特産種）が生じている。伊吹山は典型的な石灰岩地という特殊性をもち、また中腹以上がやや高山的な気象条件になるために、残存した種があったり、新種形成が行われたりしたと考えられる。その例としてコイブキアザミ、イブキアザミ、ルリトラノオ、イブキコゴメグサ、イブキレイジンソウ、コバノミミナグサ、イブキヒメヤマアザミ、イブキハタザオ、イブキタンポポなどがある。

■石灰岩地帯であるため、石灰岩地を好んで生育する植物、例えばイチョウシダ、クモノスシダ、ヒメフウロ、イワツクバネウツギ、イブキコゴメグサ、キバナハタザオ、クサボタンなどが多数みられる。

■南方系要素（襲速紀要素）の植物が北上してきている。例としてギンバイソウ、ミカエリソウ、カキノハグサなどがある。

伊吹山のお花畑の主な草本植物群落

◎オオバギボウシ―メタカラコウ群落
◎オオバギボウシ―ショウジョウスゲ群落
◎サラシナショウマ群落
◎フジテンニンソウ群落
◎シモツケソウ群落
◎アカソ群落
◎イブキジャコウソウ群落（岩場）
◎チシマザサ群落

周囲の主な木本植物群落

◎イブキシモツケ群落
◎オオイタヤメイゲツ―ミヤマカタバミ群落（群集）
◎ブナ―オオバクロモジ群落（群集）

村瀬 忠義

伊吹山のお花畑 案内図

- ● 春の草花 ● 夏の草花 ● 秋の草花

※開花時期は気象条件などにより変わることがあります。

83 ——— 倭建命（日本武尊_{やまとたけるのみこと}）像
今から2,000年程前、日本武尊が伊吹山の荒神を退治に来られたという伝説を記念して建てられた像である。

81 ―― **クサボタン**
キンポウゲ科（開花期 7月〜8月）

82 ―― **コオニユリ**
ユリ科（開花期 7月〜8月）

80 ──── シロヨメナ
キク科（開花期 8月下旬〜9月下旬）

79 ──── ヤマホタルブクロ
キキョウ科（開花期 7月中旬〜8月下旬）

本州の山地上部の草地に生える多年草である。山麓や平地に生えるホタルブクロとはがく片の間に付属体がないことで区別する。伊吹山頂のお花畑では石灰岩の露岩の多い場所によく見られる。ホタルブクロの名は子供がホタルを捕らえて、この花で包むことからきた。

78 ──── **リンドウ**　リンドウ科（開花期 9月〜10月）

山野にふつうに見られる秋の代表的な草花の一つである。伊吹山頂のお花畑に大変多い。花は鮮やかな濃紫色で先が5裂し、日の当たる昼間によく開き、暗いと閉じる。この根茎や根を漢方で竜胆と言い、苦味健胃薬として腹痛や消化不良に用いる。

77 ──── **クルマバナ**　シソ科（開花期 7月〜9月）

山野の草地や道端にふつうに生える多年草である。伊吹山のお花畑に多数混生する。花弁は紅紫色で、がくは紫色を帯び、開出する長毛が生える。和名は茎上部に何段にも車状に輪生することによる。

75 ──── **グンナイフウロ**
フウロソウ科（開花期 5月下旬〜6月下旬）

北海道西部、磐梯山から伊吹山までの本州の低山〜高山帯の草地に群生する多年草である。和名の由来は牧野図鑑に「郡内風露」と書き、山梨県の南北両都留郡内で発見されたことからだろうと記されている。伊吹山頂のお花畑に群生開花する。

76 ──── **クサボタン**
キンポウゲ科（開花期 7月〜8月）

山地の林縁に生え、茎の下部が木質化する多年草である。和名は葉の形がボタンに似ることからついた。本州の温帯に生え、日本特産である。石灰岩地を好み、伊吹山では露岩の多い草地でよく見かける。花は淡紫色、果実は白い羽毛をつけ風車状になる。

73 ── **クサフジ**　マメ科（開花期 5月〜9月）

山野の日当たりの草地や林縁にふつうに生えるつる状の多年草である。葉は羽状複葉で、長い花序に色鮮やかな青紫色の蝶形花を多数つける。伊吹山頂では遊歩道脇によく生えている。

74 ── **ウツボグサ**　シソ科（開花期 6月〜8月）

日当たりのよい山野の草地や路傍脇にもふつうに生える多年草である。和名は花序の形を、矢を入れる靫に見立ててつけられた。また夏には花穂が枯れるので、夏枯草ともいう。花穂は漢方で消炎、利尿薬に用いる。

72 ──── イワアカバナ

アカバナ科（開花期 7月～8月）

山地の湿った場所に生える草丈15～60cmの多年草である。日本、朝鮮、千島、サハリン、沿海州、中国東北部などの温帯に分布する。伊吹山ではお花畑の中に多数混生する。花弁は白色から淡紅色で、先が浅く2裂する可愛い花である。

70 ───エゾフウロ
フウロソウ科（開花期 7月～8月）

北海道から伊吹山までの温帯以上に分布する多年草である。茎葉やがく片に白い開出毛がやや多いので、ハクサンフウロと区別される。伊吹山では3合目から山頂お花畑まで最も多いフウロソウである。伊吹山が分布の西南限種。

71 ───エゾフウロ
フウロソウ科（開花期 7月～8月）

68 ── **キンバイソウ** キンポウゲ科（開花期 7月上旬～8月上旬）

初夏の頃から伊吹山頂のお花畑の中にちらほらと黄金色に輝き、梅花のような形をした花がこれである。花弁の形に見えるのはがく片で、中に細長く立つのが本当の花弁である。本州の中部地方から伊吹山まで分布し、日本の特産種である。

69 ── **コウゾリナ** キク科（開花期 5月～10月）

山野の道端や山地草原にもふつうに生える2年草である。草丈は30～80cmで、体表全体に開出する剛毛が生える。この剛毛が皮膚に触れた触感をカミソリに見立て、カミソリ菜の意味でコウゾリナと名付けられた。日本とサハリンに分布する。

66 ───**ダイコンソウ**　バラ科（開花期 7月〜8月）

山野の林下や谷筋にふつうに生えるが、伊吹山の山地草原内にも混生する高さ30〜60cmの多年草である。根生葉は大きくてダイコンの葉に似るのでこの名がある。

67 ───**オトギリソウ**
オトギリソウ科（開花期 7月〜8月）

山野にふつうに生える草丈20〜60cmの多年草である。葉のしぼり汁が切り傷、打撲傷によく効く。平安時代、鷹匠が秘密にしていたタカによく効くこの草の傷薬を、弟が他人に教えたので、怒った兄に切り殺され、その後オトギリソウと呼ばれるようになった。

64 ── ヤマアジサイ
ユキノシタ科(開花期 7月上旬～8月上旬)

山地のやや湿った林下や林縁にもよく見られる落葉低木である。葉は長楕円形で、枝先に集合花をつけ、外側には白、赤、紫色の大きな飾り花が開く。内側は種子のできる両性花が集まる。

65 ── ミツバフウロ
フウロソウ科（開花期 8月～10月）

山地の草原内や山道の林縁に生える多年草である。葉の多くは3深裂するので、この名がある。伊吹山では他のフウロソウより開花がやや遅い。

63 ── シロヨメナ　キク科（開花期 8月下旬〜9月下旬）

ふつう山地の明るい林内、林縁、山道脇に生える多年草である。葉はやや薄くて基部が茎を抱かないことで、イナカギクと区別される。花は径1.5〜2cmあり、純白の舌状花が美しい。伊吹山のお花畑にもところどころにかたまって生えている。

62 ──── **ノダケ**　セリ科（開花期 8月中旬〜9月）

山野にふつうに見られる多年草である。葉の裂片は細くて余り切れ込まない。伊吹山の山地草原に多く、茎と花が暗紫色の個体と、茎が緑で花は白色の個体がある。漢方で根を前胡と呼び、解熱、鎮痛薬や浴湯料に用いる。

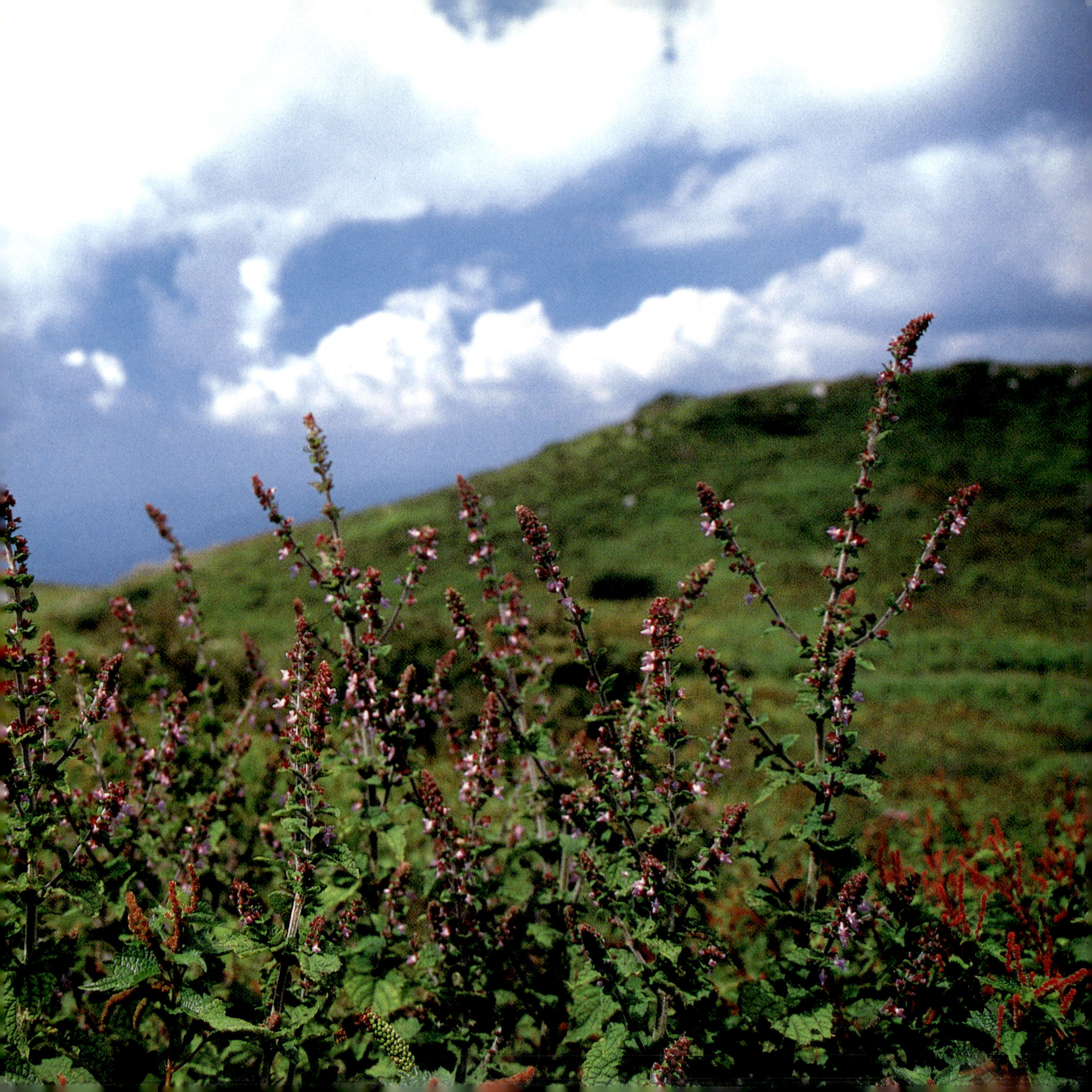

60 ── **ヤマハッカ**　シソ科（開花期 8月〜9月）

61 ── **ヤマハッカ**　シソ科（開花期 8月〜9月）
日当たりのよい山地の草原や林縁に生える草丈40〜100cmの多年草である。葉は広卵形〜3角状広卵形で、縁に粗い鋸歯がある。花冠は長さ7〜10mmで、青紫色をしている。

59 ───── フジテンニンソウ（蕾）
シソ科（開花期 8月中旬～9月下旬）

58 ───── フジテンニンソウ
シソ科（開花期 8月中旬～9月下旬）

山地の林縁や明るい林内または草原に群生する多年草である。葉裏の中肋に著しく開出毛が生えることで、テンニンソウの変形（forma）にされる。伊吹山には両方がある。伊吹山のお花畑にはあちこちに群落があり、秋に淡黄色の花が美しい。

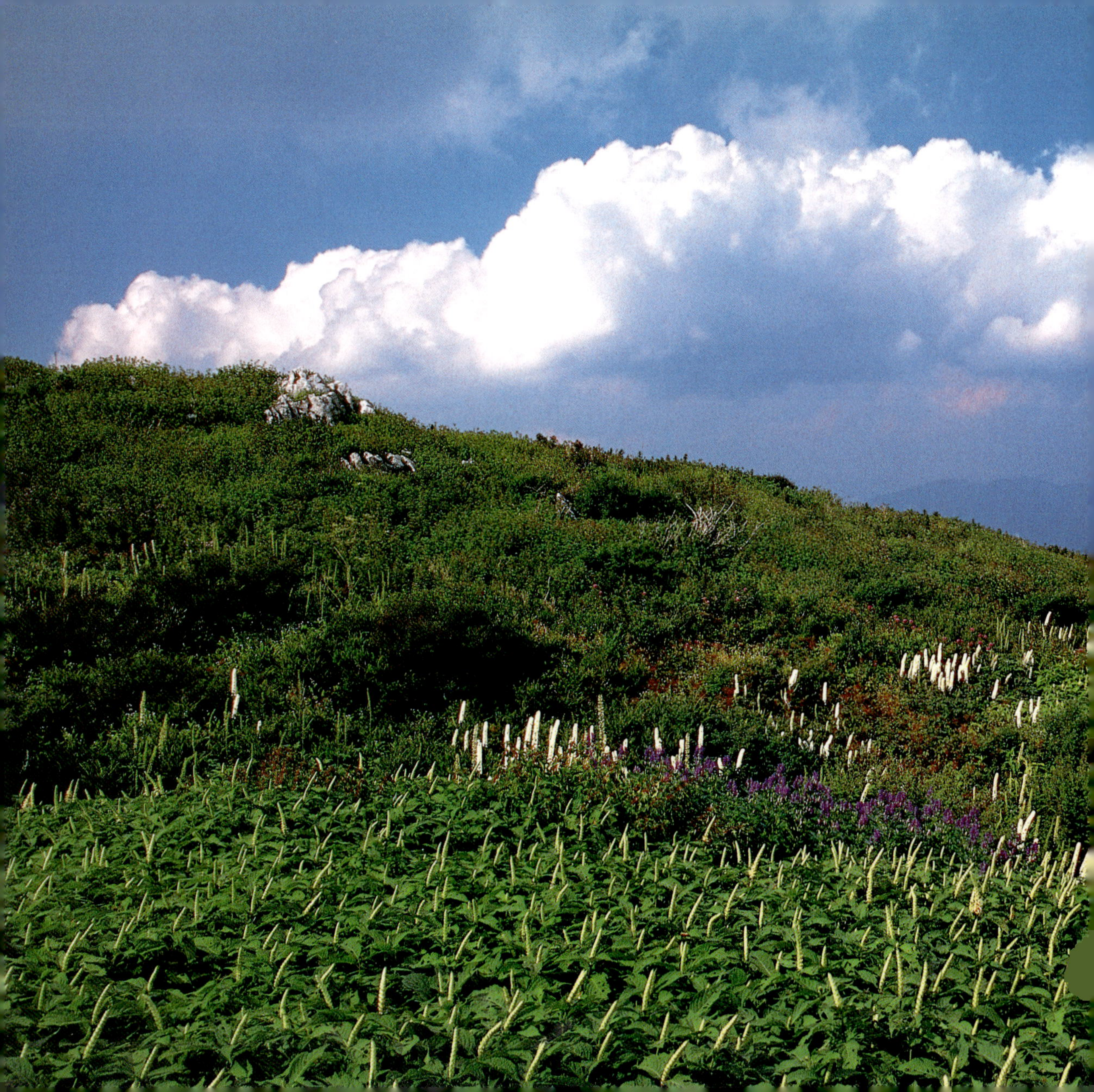

56 ── ミゾソバ
タデ科（開花期 8月下旬～9月中旬）

ふつうは平地の水辺や溝に生えるが、伊吹山では山頂の凹地や湿った場所にも群生する。山頂のお花畑の草本は夏の乾燥期でも、日本海に近い関係で発生する雲霧に助けられて生育する。

57 ── シオガマギク
ゴマノハグサ科（開花期 8月下旬～10月）

日当たりのよい山地草原に生える草丈25～60cmの多年草である。株立ちし、茎頂の苞葉の間に紅紫色の花が反り返って咲く。日本、朝鮮、中国東北部に分布する。

55 ──── シオガマギク　ゴマノハグサ科（開花期 8月下旬〜10月）

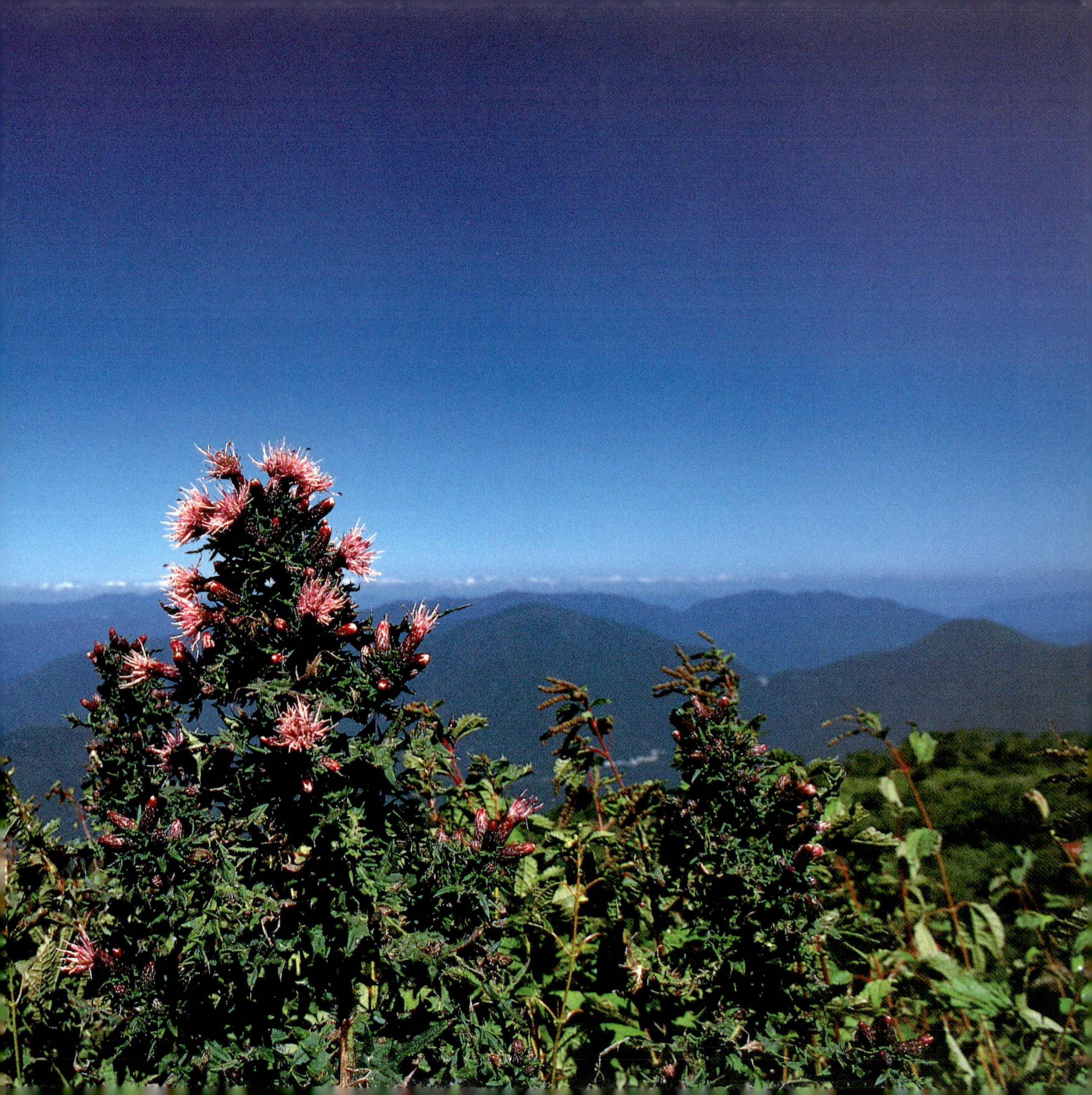

53────コイブキアザミ
キク科（開花期 8月下旬〜10月）

54────コイブキアザミ　　キク科（開花期 8月下旬〜10月）
標高およそ1,200m以上に当たる伊吹山頂付近のお花畑にのみ自生するアザミで、伊吹山の特産種である。冬期寒冷な季節風の厳しい石灰岩地の風衝地でヒメアザミから分化したと考えられる種である。茎は直立し、高さ40〜100cmになる。多数短く分枝し、刺の多いつづまった葉をつけ、上部に頭花を鐘状に密生する。

52 ──**ヤマゼリ**　セリ科（開花期 7月〜10月）

51 ──**ヤマゼリ**　セリ科（開花期 7月〜10月）

山地の谷間や林下にふつうに生えるが、伊吹山では近年山頂のお花畑で増えている。草丈が50〜90cmになる多年草で、シシウドやオオハナウドに比べると小形である。小葉は卵形で、粗い鋸歯があり、長さ3〜6cmになる。

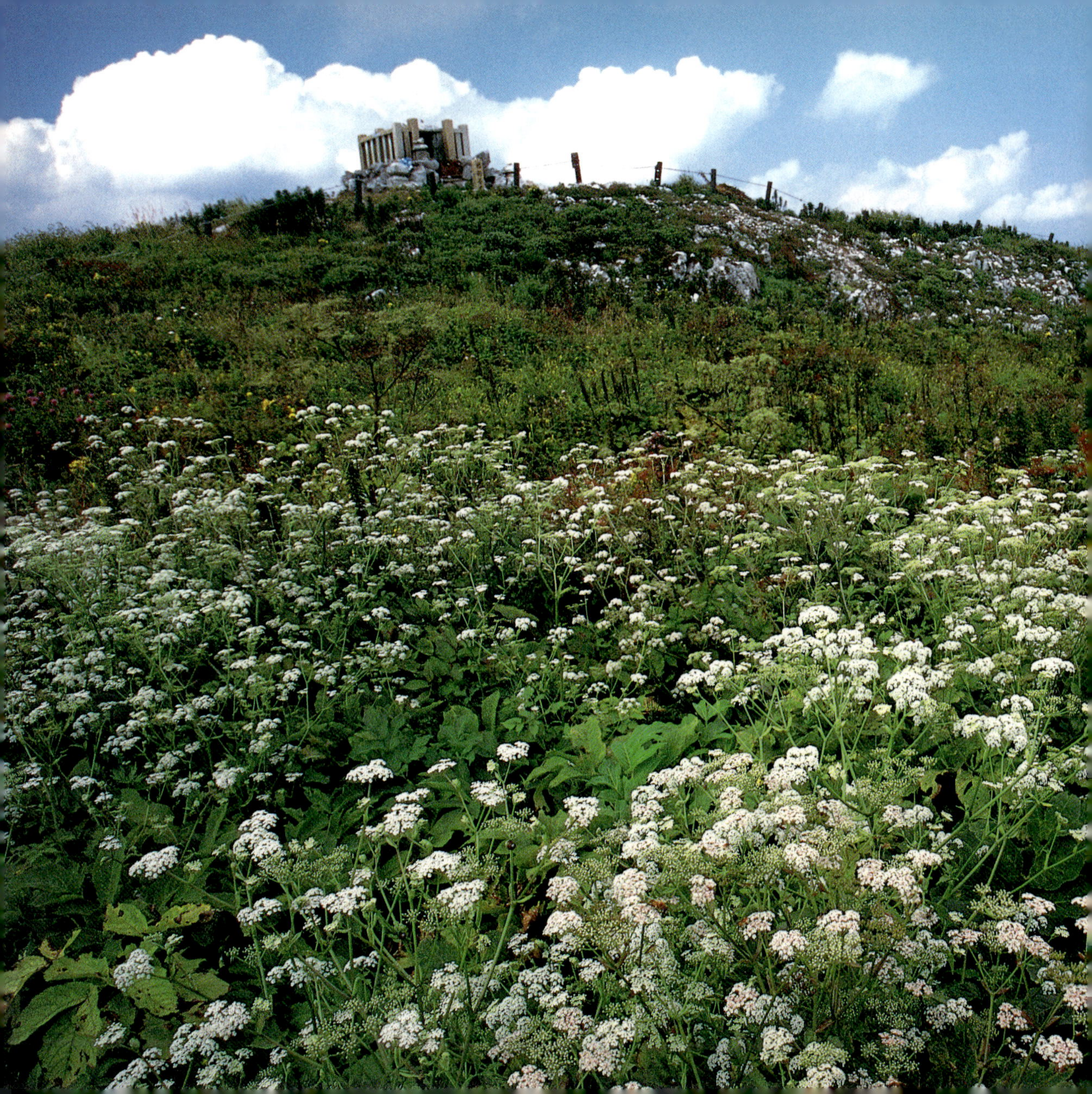

49 ─── **ツリガネニンジン**　キキョウ科（開花期 8月〜10月）

山野の草地、田畑の畦・土手、山地草原などにふつうに見られる多年草である。日本、千島、サハリンに分布する。若芽の頃をととき と言い、美味な山菜と言われている。

50 ─── **タムラソウ**　キク科（開花期 8月下旬〜9月）

山地の主に草原のほか林縁にも生える多年草で、アザミ類に形が似るが別のタムラソウ属である。茎葉にまったく刺がない。伊吹山頂のお花畑のあちこちに赤紫色の頭花を咲かせる。

47 ──── **タムラソウ**
キク科（開花期 8月下旬〜9月）

日本名は丹群草と書き、花が紅（丹）色にむら（群）がって咲くの意味である。

48 ──── **ツリガネニンジン**
キキョウ科（開花期 8月〜10月）

46 ── **アカソ**　イラクサ科（開花期 7月〜9月）

山地の林縁や道端にもふつうに生える多年草である。葉は広卵形で先が3裂し、中央の裂片の先は尾状にとがる。茎上部の葉腋から赤または淡緑色のひも状の花序が伸び、花が咲く。伊吹山の山地草原では近年他種に比べ、著しく繁殖旺盛となり、繁殖抑制が必要となった。

45 ──── アカソ　イラクサ科（開花期 7月〜9月）

44 ──**イブキトリカブト**
キンポウゲ科（開花期 8月下旬〜9月下旬）

主に山地草原に生える高さ30〜150cmの多年草である。茎が直立し、葉は厚い。関東西部、中部地方、近畿地方に生える。根に猛毒のアルカロイドを含む。秋の伊吹山のお花畑のあちこちで鮮やかな濃青紫色のかぶと状の大きな花を咲かせて見事である。

43 ── イブキトリカブト　キンポウゲ科（開花期 8月下旬〜9月下旬）

41 ── ミツモトソウ
バラ科（開花期 7月中旬～9月）

山地草原や山中の渓流にも生える多年草である。葉はイチゴの葉を細くしたような形の3小葉が簡単な区別点になる。

42 ── ツルキジムシロ
バラ科（開花期 5月～8月）

山地の日当たりのよい草地に生える多年草で、日本、千島、サハリンに分布する。花は光沢のある鮮黄色であるが、イチゴを小さくした形で、根元から長い走出茎（つる）を伸ばして繁殖する。伊吹山の5合目以下の草地にはつるを出さないキジムシロが生える。

39 ── キンミズヒキ
バラ科（開花期 7月中旬～9月上旬）

40 ── キンミズヒキ
バラ科（開花期 7月中旬～9月上旬）

山野の草地や路傍にもふつうに生える多年草である。和名は金水引と書き、細長い黄色の花穂を水引に譬えたものである。果実はがくにかぎ形の毛があり、人の衣服にもよく着き運ばれるので、伊吹山では山頂の遊歩道沿いにも多い。

38 ── サラシナショウマ　キンポウゲ科（開花期 8月下旬〜9月中旬）

37 ───**サラシナショウマ**　キンポウゲ科（開花期 8月下旬〜9月中旬）

山地の林縁や日のさす林下、草原に生える高さ40〜150cmの大型の多年草である。伊吹山のお花畑では群生開花する優占種で、純白の長い花穂が風で揺らぐ様は風情がある。若葉は食用、根茎は升麻といい、発汗、解熱の重要な漢方薬。

36 ── **アキノキリンソウ**　キク科（開花期 8月上旬〜9月下旬）

山野の日当たりのよい草地や林縁によく見かける高さ35〜80cmの多年草である。伊吹山ではお花畑に多い。名は黄花の集まりをベンケイソウ科のキリンソウにたとえ、秋に咲くのでいう。茎葉が民間で健胃、利尿薬に使われる。

35 ──**キオン**　キク科（開花期 7月下旬〜8月中旬）

34 ———**キオン**　キク科（開花期 7月下旬〜8月中旬）
温帯の山地に生える草丈50〜100cmの多年草である。葉は披針形〜長楕円形で縁には不揃いな鋸歯がある。名は花がシオンに似て黄色であることからつけられた。北方系の植物であるが、伊吹山のお花畑にはあちこちに生えている。

33 ———**キオン**
キク科（開花期 7月下旬〜8月中旬）

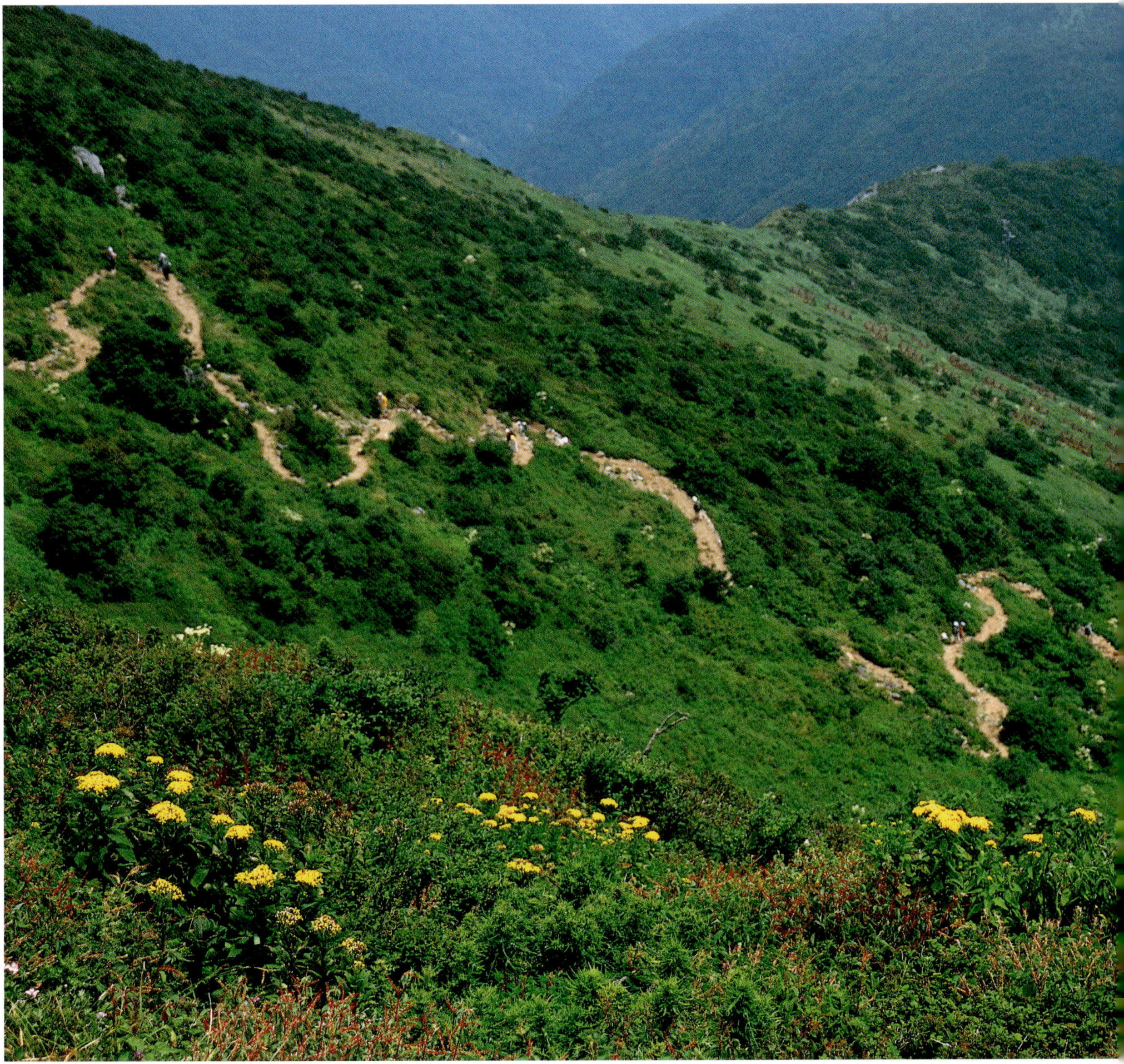

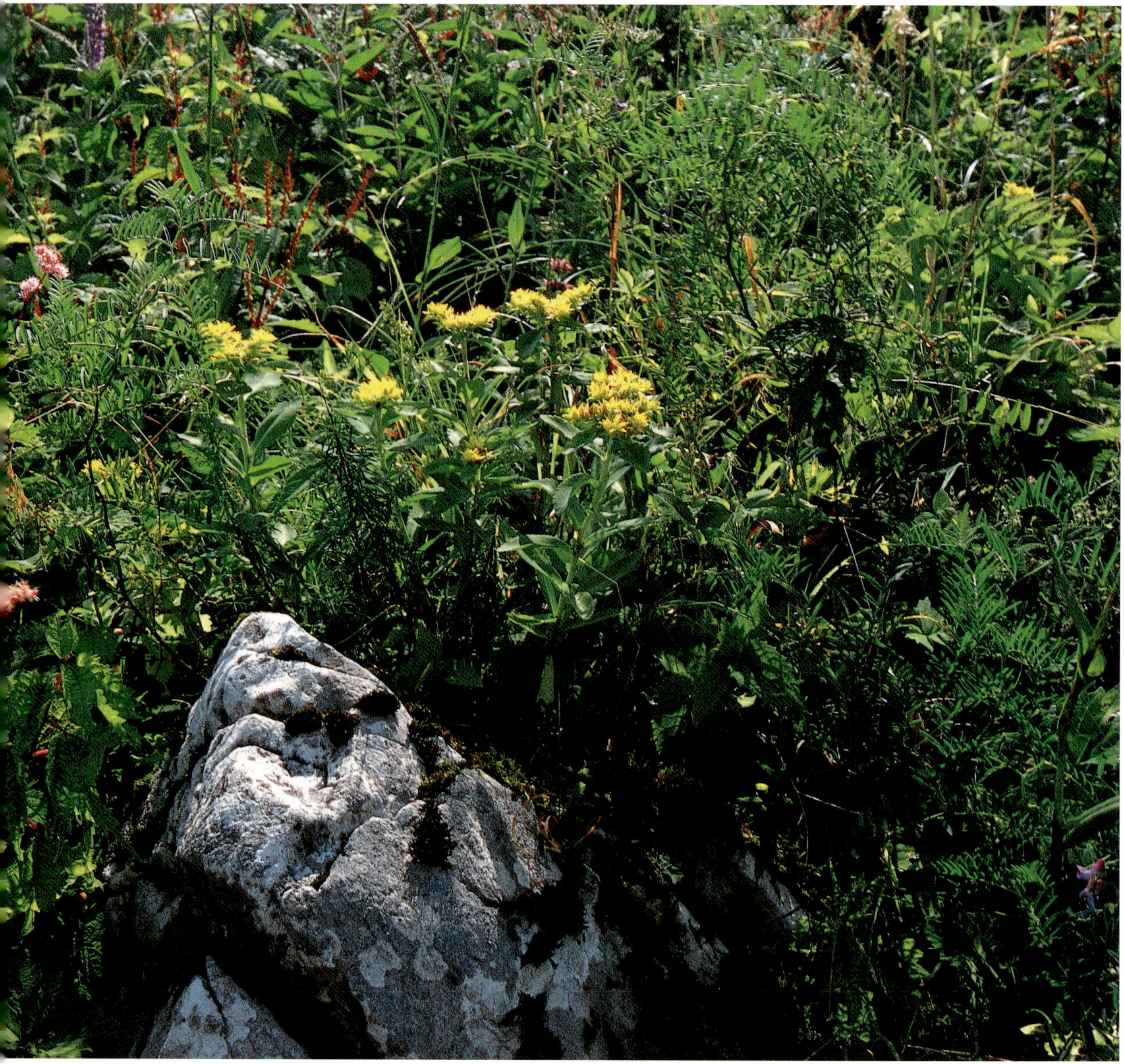

31 ── キリンソウ　ベンケイソウ科（開花期 7月下旬〜8月中旬）

山地の岩場、伊吹山では石灰岩の露岩の多い場所に生える多年草である。茎葉は多肉質で、茎頂に平らな散房状に多数の黄色花をつける。花弁は5個、雄しべは10本ある。和名のキリンソウの由来は分からない。

32 ── キリンソウ
ベンケイソウ科（開花期 7月下旬〜8月中旬）

30 ────ウバユリ
ユリ科（開花期 7月上旬〜8月下旬）

山野の林下や林縁に生え、高さ60〜100cmになる大型の多年草である。葉は茎の中程より下に数個つき、卵状長楕円形で大きく、葉脈が単子葉植物では網状をしているのが珍しい。花期に下部の葉が枯れるので、この名がある。

29 ───**ノリウツギ**　ユキノシタ科（開花期 7月上旬〜8月下旬）

山野に広く分布する落葉低木で、お花畑の中にも点在し、夏に純白の飾り花が美しい。昔、樹皮に含まれる粘液を紙漉きの糊料に使ったので、この名がある。サハリンから日本全域、中国にも分布する。材は硬いのでステッキ、木クギ、細工物に使う。

28 ── メタカラコウ
キク科（開花期 7月下旬～8月上旬）
葉が矢じり形で、花は総苞片が5個、舌状花が1～3個でオタカラコウと区別できる。

27 ── メタカラコウ
キク科（開花期 7月下旬～8月上旬）
伊吹山のお花畑のメタカラコウ群落やオオバギボウシ－メタカラコウ群落をつくる優占種で、黄金色の大きな花穂が何千本も一斉に開花した壮観さは他山にはない。日本、中国に分布する。

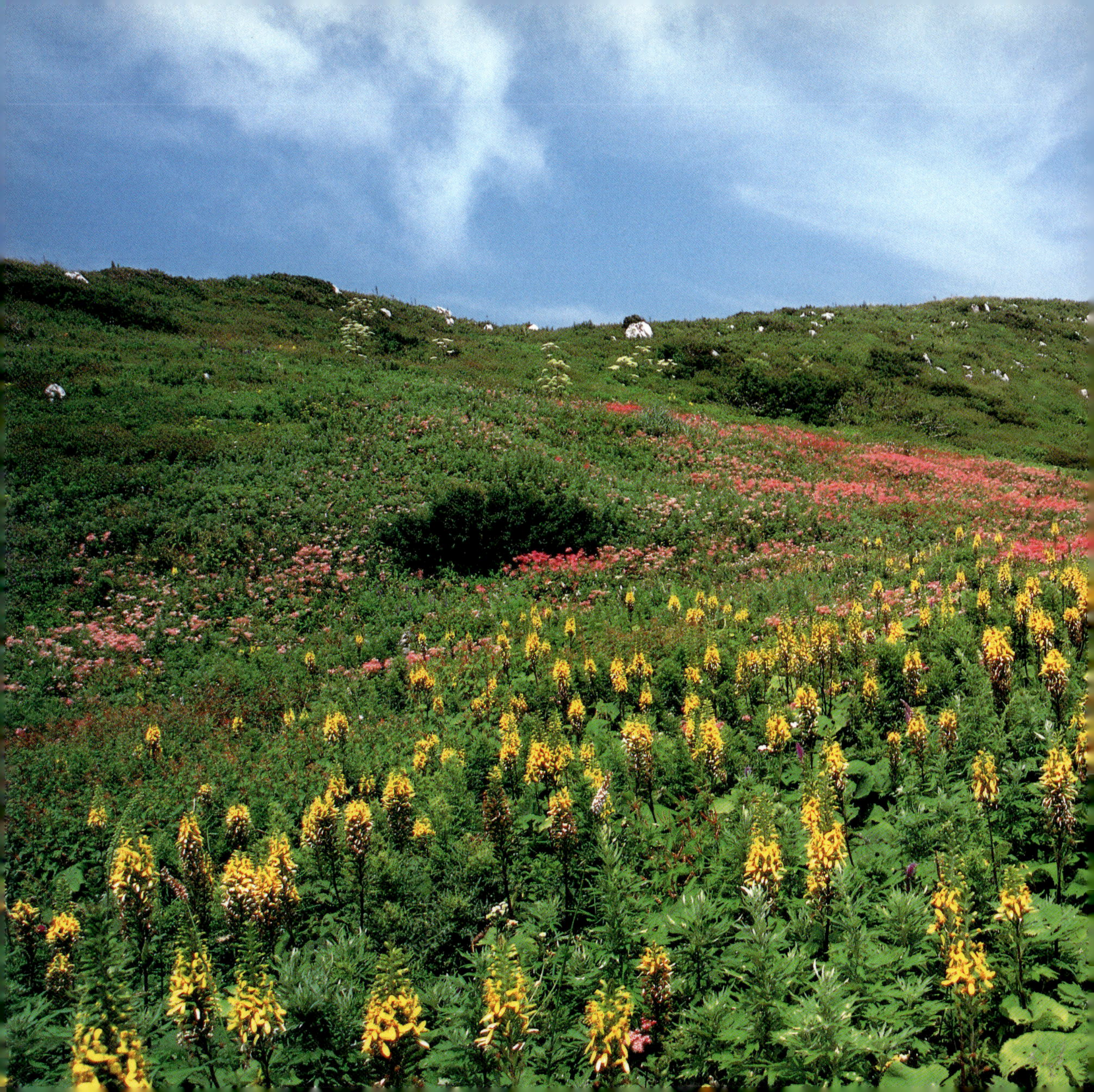

26 ──── ルリトラノオ　ゴマノハグサ科（開花期 7月下旬〜8月中旬）

25 ──── ルリトラノオ　ゴマノハグサ科（開花期 7月下旬〜8月中旬）

伊吹山のお花畑にのみ自生する特産種（固有種）である。草丈は50〜100cm位で、葉はほとんど葉柄がなく対生し、体全体に白い短毛が生えるのが特徴である。花色が鮮やかな瑠璃色で美しい。まれに白花を見ることがある。

24 ── **クガイソウ**　ゴマノハグサ科（開花期 7月下旬〜8月上旬）

23 ──── **クガイソウ**　ゴマノハグサ科（開花期 7月下旬～8月上旬）

日当たりのよい山地草原に生える高さ80～130cmの多年草である。葉がふつう4～6枚茎に輪生して九段に着くので、九蓋草または九階草の名がある。伊吹山で全体が小さく、高さ50cmほどのものをイブキクガイソウと区別する研究者もある。

22 ──── シモツケソウ　バラ科（開花期 7月下旬〜8月下旬）

21 ── シモツケソウ　バラ科（開花期 7月下旬〜8月下旬）

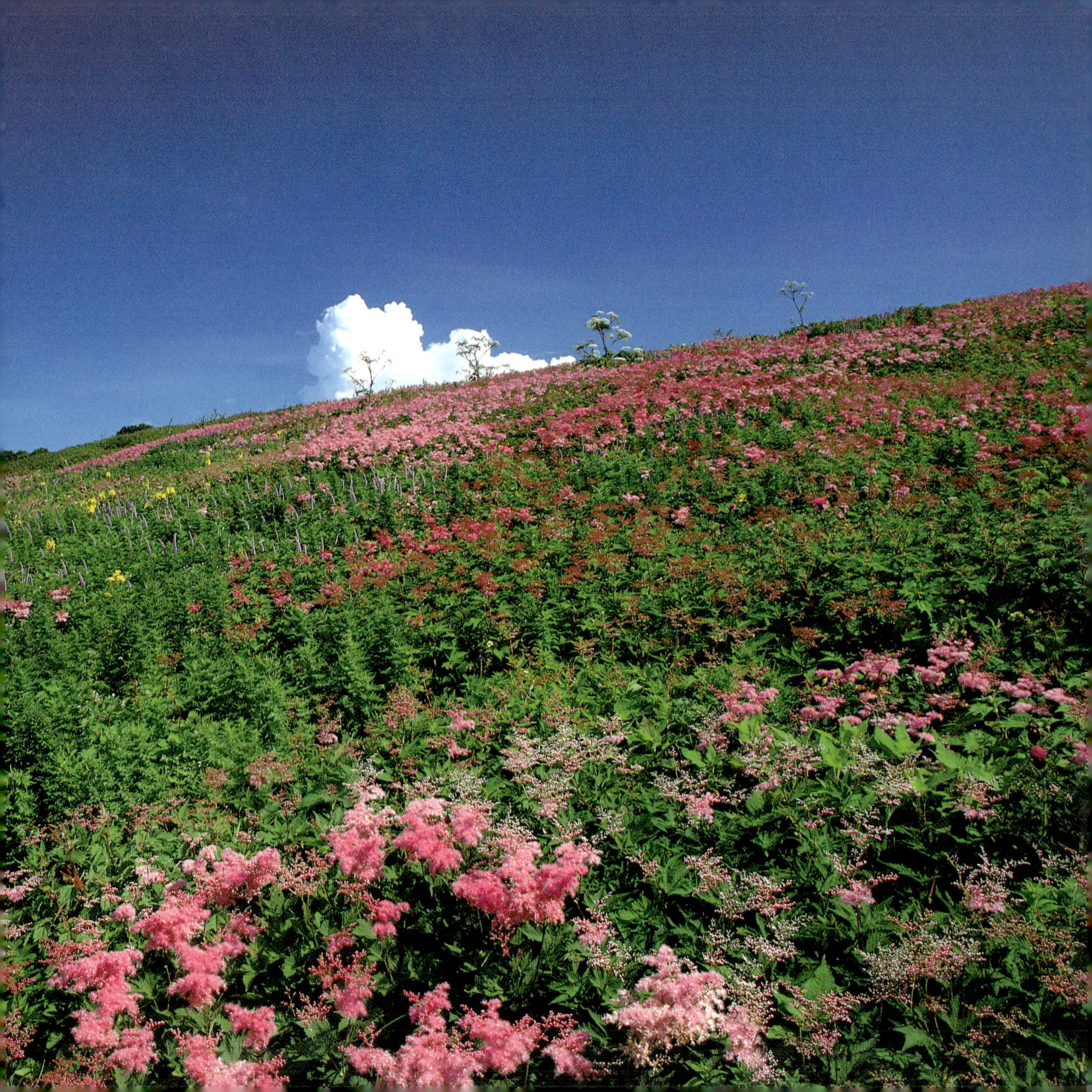

19 ──── シモツケソウ　バラ科（開花期 7月下旬〜8月下旬）

20 ──── シモツケソウ
バラ科（開花期 7月下旬〜8月下旬）

関東地方以西の本州・四国・九州の山地に生える高さ30〜80cmの多年草である。径4〜5mmの真紅の小花が集散花序に多数咲く。伊吹山のお花畑では純群落のように優占して群生開花する。場所により花色がピンクや白色もある。

18 ───── **ワレモコウ**　バラ科（開花期 7月上旬〜9月下旬）

山地の草原にふつうに見られる高さ30〜100cmの多年草である。暗紅色の花が花穂の上から下へと咲いていく。花穂の形がだんごに似るので、ダンゴバナ、ダンゴイタダキの別名がある。日本のほか、北半球に広く分布する。

17 ──── シュロソウ
ユリ科（開花期 7月〜8月）

北海道、本州中部以北の山地の林下や草地にも生える草丈40〜100cmの多年草で、伊吹山のお花畑に大変多い。根元の古い葉鞘がシュロの毛のようになる。根茎が昔農用殺虫剤にされた。花は暗紫褐色で、複穂状花序に多数着く。

16 ───**カワラナデシコ**　ナデシコ科（開花期 7月〜9月）
山野の草地や河原の日当たりのよい場所に生える多年草である。伊吹山でも石灰岩の岩場でよく見かける。名の撫子（ナデシコ）は花の可憐さを表わしている。秋の七草の一つである。種子を漢方薬に用いる。日本、朝鮮、中国に分布する。

15 ──── **イブキジャコウソウ**　シソ科（開花期 7月上旬〜8月上旬）

伊吹山では日当たりのよい石灰岩の岩場に群生開花する。茎は細くて地上・岩上を這い、高さ3〜15cmになる小低木である。可愛い紅紫色の花を多数つける。日本、朝鮮、中国、ヒマラヤに分布する。茎葉に芳香があり、タイムの仲間である。

13 ── **ヨツバヒヨドリ**
キク科（開花期 8月上旬〜9月上旬）

北海道の湿原、近畿地方以東の本州の1,000m以上の山地・四国に生え、サハリンにも分布する北方系の植物である。葉をふつう4枚輪生する。ヒヨドリバナの亜種とされる。伊吹山のお花畑では蝶のアサギマダラがよく吸蜜に来ている。

14 ── **ヨツバヒヨドリ**
キク科（開花期 8月上旬〜9月上旬）

11 ── **イブキトラノオ**
タデ科（開花期 7月〜8月）

12 ── **イブキトラノオ**　タデ科（開花期 7月〜8月）
白または淡紅色の3〜8cmの花穂が風で動くのを虎の尾に譬えて名付けられた。イブキの名がつくのは伊吹山で最初に発見され、多産することによる。イブキトラノオの仲間（属）は広く北半球の寒帯から温帯に分布する。

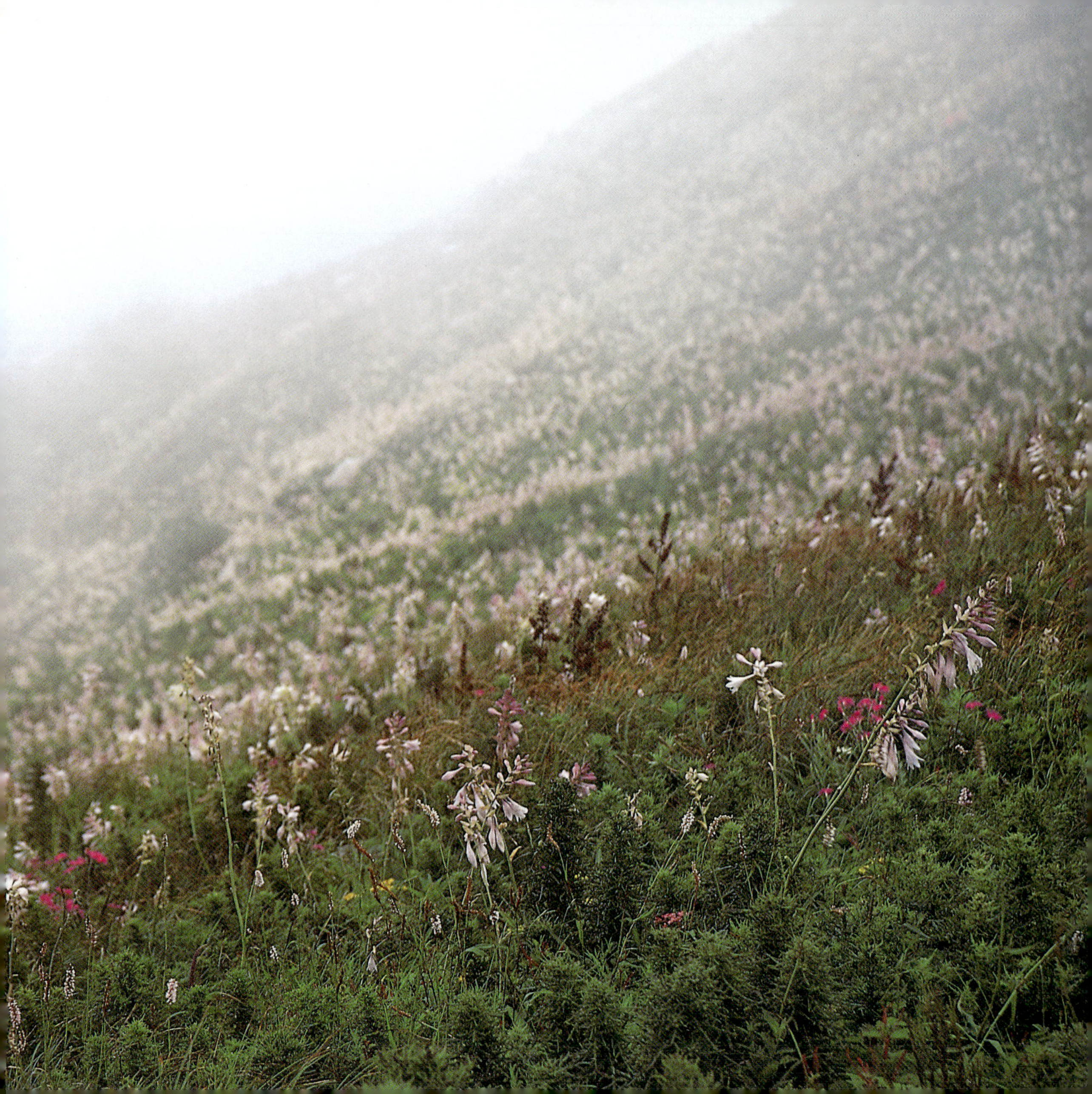

9 ─── **オオバギボウシ**　ユリ科（開花期 7月中旬～8月上旬）
お花畑に群生開花する優占種である。名前は葉が大きく、蕾の形を橋の欄干の擬宝珠に譬えてつけたものである。分布は北海道と本州中部以北に見られる。山地の草原や林縁にも生え、若芽は浸し物、和え物によい。

10 ─── **オオバギボウシ**
　　　　ユリ科（開花期 7月中旬～8月上旬）

8 ──── オオバギボウシ
ユリ科（開花期 7月中旬〜8月上旬）

7 ───**オオバギボウシ**　ユリ科（開花期 7月中旬～8月上旬）

6 ── ミヤマコアザミ
キク科（開花期 6月上旬〜8月上旬）

4 ──── コオニユリ
ユリ科（開花期 7月〜8月）

山地の草原や海岸にも見かける鱗茎をもつ多年草である。オニユリとは葉腋にむかごが出来ないことで区別できる。鱗茎は小さいが苦味が少なく食用になる。伊吹山頂のお花畑に点々と大型の個体が見られる。

5 ──── ミヤマコアザミ
キク科（開花期 6月上旬〜8月上旬）

春の野山に咲くノアザミが伊吹山のような寒冷な日本海気候下の石灰岩地で、分化して変種ミヤマコアザミができたと考えられている。ノアザミに比べ、背が低く、刺、毛が多い。伊吹山の固有種とされていたが、近年他山にもあることがわかった。

3 ── **シシウド**　セリ科（開花期 7月〜8月）

2 ── **シシウド**　セリ科（開花期 7月〜8月）

1 ── **シシウド**　セリ科（開花期 7月〜8月）

伊吹山の山地草原にそそり立つ草丈が1〜2mになる大型の多年草である。分岐した枝先に白い小さな花が花火の破裂したように咲く。名前は葉の形がウドに似て、イノシシの餌によいだろうと名づけられた。

花の絵本
Vol.12

伊吹山のお花畑

Field of Mt. Ibuki Flowers
Photo by Arata Hidehiro
Explanation by Murase Tadayoshi

写真・あらたひでひろ　解説・村瀬忠義

東方出版